# BEI GRIN MACHT SICH IHR WISSEN BEZAHLT

- Wir veröffentlichen Ihre Hausarbeit,
  Bachelor- und Masterarbeit

- Ihr eigenes eBook und Buch -
  weltweit in allen wichtigen Shops

- Verdienen Sie an jedem Verkauf

Jetzt bei www.GRIN.com hochladen
und kostenlos publizieren

Jens Hasekamp

# Wirtschaftliche Probleme der Entwicklungsländer - an den Beispielen Bolivien, Malawi und Laos

GRIN Verlag

**Bibliografische Information der Deutschen Nationalbibliothek:**

Die Deutsche Bibliothek verzeichnet diese Publikation in der Deutschen National-
bibliografie; detaillierte bibliografische Daten sind im Internet über http://dnb.d-
nb.de/ abrufbar.



**Impressum:**

Copyright © 2002 GRIN Verlag GmbH
Druck und Bindung: Books on Demand GmbH, Norderstedt Germany
ISBN: 978-3-640-91698-6

Seminar:

Entwicklungsprobleme der sogenannten Dritten Welt

WS 2002/2003




# Wirtschaftliche Probleme der Entwicklungsländer

an den Beispielen Bolivien, Malawi und Laos




Jens Hasekamp

1. Sem. LA

Geografie, Deutsch

# Inhalt

## 1    Einleitung

Wirtschaftliche Probleme von Entwicklungsländern weisen höchst differente Formen auf, die kaum übergreifen oder gar global einheitlich dargestellt werden könnten. Die Rahmenbedingungen der politischen Systeme, die klimatischen Voraussetzungen, die kulturellen und geschichtlichen Hintergründe und schließlich die individuelle topografische Lage der betroffenen Staaten sind derart verschieden, dass keine direkten Vergleiche möglich sind oder gar die Erarbeitung einer einheitlichen Vorgehensweise zur Behebung der wirtschafltichen Probleme zu realisieren wäre.

Die vorliegende Arbeit soll einen Einblick in die wirtschaftliche Situation der sogenannten Entwicklungsländer geben, ohne dabei den Anspruch auf generelle Gültigkeit für einzelne Staaten zu erheben. Die Betrachtung dreier Länder erfolgt hier exemplarisch für die drei Makroregionen Lateinamerika, südliches Afrika und Südostasien. Das in dieser Arbeit verwendete Zahlenmaterial bezieht sich daher zu einem großen Teil auf die Länder Bolivien, Malawi und Laos, die stellvertretende Daten liefern konnten, anhand derer eine Einschätzung der wirtschaftlichen Probleme möglich ist.

## 2    Die ausgewählten Länder als Stellvertreter ihrer Region

### 2.1    Bolivien

Mit einem Pro-Kopf-Einkommen von 1.010 US-Dollar im Jahr und einem Ranglistenplatz mit der Nr 114 der HDI-Liste (Human Development Index) gehört Bolivien noch hinter Paraguay und Ecuador zu den ärmsten der südamerikanischen Staaten.[1] Rund 60 % der Bevölkerung leben unterhalb der Armutsgrenze.[2]

Die klimatischen Bedingungen des Landes sind äußerst verschieden. Die im Nordwesten gelegenen Hochregionen des Altiplano sind ausgesprochen trocken und großen jahreszeitlichen und tageszeitlichen Temperaturschwankungen unterworfen. Der Landbau ist hier nur bedingt möglich, Viehzucht und der Anbau begrenzter Getreidesorten und Hochlandkartoffeln prägt das landschaftliche Bild. Neben den hohen Andenregionen hat Bolivien Anteil am Regenwald des Amazonasbeckens. Die feuchtwarmen Regionen im östlichen Landesteil verfügen über große Gebiete unerschlossener Wälder.

Die ehemalige spanische Kolonie ist noch heute geprägt von den Folgen der wirtschaftlichen Konzentration auf den Bergbau, der in den 80er Jahren wichtigster Wirtschaftssektor für den Außenhandel des Landes war. Noch heute führt Bolivien Metalle an Industriestaaten aus, die Förderung ist jedoch aufgrund von staatlich verordneten Minenschließungen und dem erhöhten Abbauaufwand deutlich zurückgegangen.

Bolivien ist heute geprägt von politischen Unruhen, die zu einem großen Teil auf die Entlassungen der Minenarbeiter in großer Zahl, auf die anschließende Zunahme des Kokaanbaus und damit verbundener Kokainproduktion mit all ihren gesellschaftlichen Problemen und auf eine vom Willen zur Sanierung des Staatshaushaltes zum Teil radikal am ökonomischen Erfolg orientierten Politik zurückzuführen ist.[3]

---

[1] vgl. Hemmer 2002, S. 1027
[2] vgl. Baretta 1996, S. 125
[3] vgl. Coote 1994, S. 27

## 2.2 Malawi

Die ehemalige britische Kolonie im südwestlichen Afrika gehört zu den ärmsten Staaten der Welt. Mit einem Pro-Kopf-Einkommen von jährlich etwa 190 US-Dollar[4] ist Malawi selbst im Vergleich zu den meisten anderen afrikanischen Staaten wirtschaftlich schlecht positioniert.[5]

Das Klima des Landes ist geprägt von Trockenheit und Hitze, Trockenwald und Dornensavanne prägen das landschaftliche Bild. Die landwirtschaftlich nutzbaren Flächen finden sich überwiegend im südlichen Teil des Landes, wo Tabak, Baumwolle, Kaffee, Erdnüsse und Getreide angebaut werden. Die Erträge der Landwirtschaft reichen jedoch nicht für die Deckung des eigenen Bedarfs. Etwa 70 % der Bevölkerung sind von akuter Hungersnot bedroht, nachdem Lebensmittelreserven im Rahmen einer großen Korruptionsaffäre verkauft worden sind.[6]

Die Politik des Landes ist in den letzten Jahren von Äffären geprägt. Erst Ende Dezember 2001 endeten die Verkäufe der staatlichen Nahrungsreserven, nachdem mitverantwortliche Politiker des Landes entlarvt werden konnten. Die internationale Reaktion auf diese jüngsten Vorkommnisse äußerten sich in Form von Rückzahlungsaufforderungen des Internationalen Währungsfonds, die die Situation des Landes weiter verschärfen.[7]

## 2.3 Laos

Mit einem Pro-Kopf-Einkommen von etwa 280 US-Dollar gehört Laos zu den ärmsten Ländern Südostasiens.[8] Etwa 27 % der Bevölkerung leben unterhalb der Armutsgrenze. Die ausgesprochen hohe Analphabetenrate von 38 % resultiert u.a. aus dem hohen Anteil der ländlich lebenden Bevölkerung. Nur etwa 23 % der Laoten leben in Städten.[9]

Der einzige Binnenstaat Südostasiens und ehemalige französische Kolonie liegt im Gebiet des randtropischen Monsuns. Die im Norden und den Hochebenen tropische Vegetation wechselt in Flusstälern und Hügellandschaften zu Savanne und Monsunwald. Der Mekong an der westlichen Landesgrenze stellt die wichtigste Verkehrsader des Landes dar.

Holz und Strom sind die wichtigsten Exportgüter des Landes, die Landwirtschaft produziert im Wesentlichen für den eigenen Bedarf. Textilien und Kaffee werden u.a. an europäische Handelspartner verkauft.

Seit 1975 ist Laos eine Volksrepublik, die von Mitgliedern der einzigen zugelassenen Laotischen Revolutionären Volkspartei regiert wird.

## 3 Die wirtschaftliche Situation

Die Einschätzung der wirtschaftlichen Situation eines Landes kann in knapper Form nur grob erfolgen. Um ein ungefähres Bild über die wirtschaftliche Lage zu vermitteln, möchte ich im Folgenden von den gesamtwirtschaftlichen Betrachtungen des Bruttoinlandsproduktes und des Bruttosozialproduktes in der Umrechnung für den Einwohner über die Bedeutung des primären Sektors und seiner wirtschaftlichen Relevanz bis hin zur exemplarischen Auswertung eines markanten Indizes für infrastrukturelle Entwicklung, der Straßendichte, einen Einblick in die wirtschaftliche Situation geben.

---

[4] vgl. Hemmer 2002, S. 1028
[5] Malawi nimmt gemeinsam mit Niger den viertletzten Platz in der Rangliste des Pro-Kopf-Einkommens ein. (vgl. Hemmer 2002, S. 1031)
[6] vgl. Baretta 2002, S. 519
[7] vgl. Baretta 2002, S. 159
[8] vgl. Hemmer 2002, S. 1031
[9] vgl. Baretta 2002, S. 495

### 3.1 Kennzahlen der Wirtschaft Boliviens, Malawis und Laos

Die wirtschaftliche Leistung eines Landes spiegelt sich statistisch in den Zahlen des Bruttoinlandsproduktes wider. Aussagekräftiger für die Einschätzung der Produktivität einer Nation ist das Bruttosozialprodukt, da hier keine ausländischen Leistungen mit einfließen. Die Umrechnung des Bruttosozialproduktes auf den einzelnen Einwohner kann einen ersten Eindruck von der wirtschaftlichen Lage des Einzelnen vermitteln, wenngleich diese Einschätzung keine individuellen Unterschiede berücksichtigt.

Bei dem Vergleich der Zahlen fällt auf, dass Bolivien mit einem Bruttosozialprodukt von 990 US-Dollar je Einwohner im Vergleich zu Malawi (170 US-Dollar) und Laos (290 US-Dollar) vergleichsweise hohe Leistungsdaten aufweist. Der exemplarische Vergleich der drei Staaten mit Industriestaaten macht jedoch erst den gravierenden Unterschied deutlich. Selbst das Bruttosozialprodukt von Bolivien wird in Deutschland mehr als 25-fach übertroffen, von den USA gar um das 35-fache. Malawi besetzt mit einem Bruttosozialprodukt von 170 US-Dollar je Einwohner den letzten Platz in diesem Vergleich. [10]

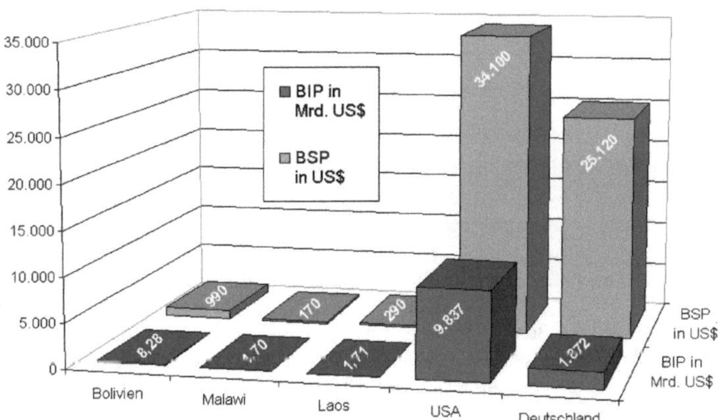


**Abb. 1: BSP (pro Kopf) und BIP von Bolivien, Malawi und Laos im Vergleich mit den USA und Deutschland**

Die Grafik macht die gravierenden Unterschiede deutlich, die für sogenannte Entwicklungsländer kennzeichnend sind. Die Schere wirtschaftlicher Leistung klafft erheblich auseinander. Bei der Betrachtung der wirtschaftlichen Gesamtleistung stellt sich die Frage, welche Sektoren der Wirtschaft diese geringen Leistungsdaten verursachen, von welchen Einflüssen die Ökonomie des Landes maßgeblich betroffen ist.

### 3.2 Der primäre Sektor und seine Relevanz

Bei einer groben Betrachtung der Wirtschaftssektoren von Industrienationen im Hinblick auf ihre wirtschaftliche Relevanz am BIP auf der einen und dem Anteil der Beschäftigten in den jeweiligen Sektoren auf der anderen Seite zeigt eine weitgehende Deckungsgleichheit. So findet man beispielsweise in Deutschland rund 2,7 % der Beschäftigten in der Landwirtschaft wieder, die einen Anteil von etwa 1,2 % des Bruttoinlandproduktes ausmacht. Das gleiche Bild zeigt

---

[10] vgl. Baretta 2002, S. 31ff

sich in den USA, wo 1,6 % der Beschäftigten etwa 2,6 % des Bruttoinlandsproduktes innerhalb der Landwirtschaft erwirtschaften.[11]

Ganz anders stellt sich die Situation in Bolivien, Malawi und Laos dar. Etwa 44,7 % der Erwerbstätigen leisten einen Anteil von rund 22 % des Bruttoinlandsproduktes Boliviens. Noch gravierender erscheinen die Zahlen in Malawi, wo 83,3 % der Beschäftigten in der Landwirtschaft etwa 42 % des Bruttoinlandsproduktes erwirtschaften. Mit einem Anteil von 53 % hat auch in Laos die Landwirtschaft den wesentlichen Anteil am Bruttoinlandsprodukt, der von über 76 % der Beschäftigten erwirtschaftet wird.[12]

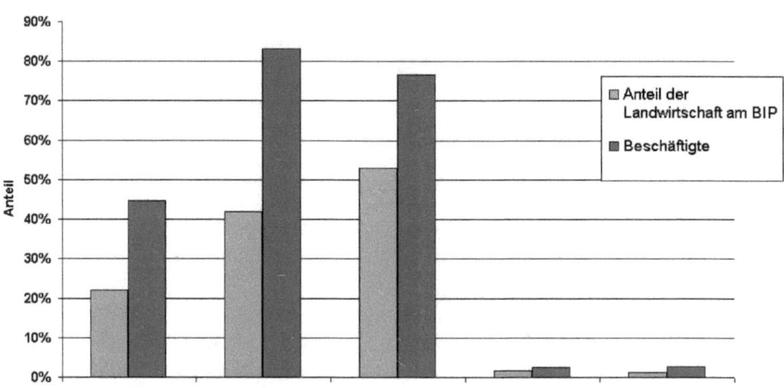


**Abb. 2: Die Landwirtschaft – Beschäftigung und Relevanz am BIP**

Die Zahlen machen die wirtschaftliche Relevanz der Landwirtschaft und zugleich deren mangelnde Produktivität deutlich. Diese Erkenntnis war bis Ende der 80er Jahre Beweggrund, in der unproduktiven Landwirtschaft eine der Ursachen für Armut und Unterentwicklung und zugleich einen möglichen Ansatzpunkt für wirtschaftliche Entwicklungsmaßnahmen zu sehen. Die sogenannte Grüne Revolution ist die Bezeichnung für zahlreiche Entwicklungsmaßnahmen, die von Industrienationen mitgetragen wurden. So sollten durch Einsatz von Düngemitteln, durch Erschließung großer Flächen für Monokulturen, durch die Auswahl besonderer Züchtungen und durch Einsatz von Schädlingsbekämpfungsmitteln höhere Erträge erzielt werden und damit zunächst die landesinternen Ernährungsprobleme gelöst und schließlich der Export der Produkte ermöglicht werden. Die Maßnahmen führten durchaus zu Leistungssteigerungen, konnten aber die Probleme der Entwicklungsländer bis heute keineswegs beheben. Das Engagement der Industrienationen stieß vielfach auf strukturelle Probleme, die die Ausrichtung der Landwirtschaft auf Ihre maximale Produktivität aus dem Blickwinkel der Industrienationen schwer durchsetzbar erscheinen ließen.[13]

---

[11] vgl. Baretta, S. 184, 840

[12] vgl. Baretta, S. 124, 496, 519

[13] vgl. hierzu Hemmert, S. 618ff: Entwicklungen in der Landwirtschaft setzen strukturelle Neuordnungen und eine z.T. erhebliche Veränderung historisch gewachsener Verhaltens- und Sichtweisen der Bevölkerung voraus. Um die Subsistenzwirtschaft durch eine international ausgerichtete export- und leistungsorientierte Landwirtschaft zu ersetzen, bedarf es mehr als finanzielle Mittel und materielle Fördermaßnahmen. Mangelhaft erscheint auch der Blick der Industrienationen für die individuellen Rahmenbedingungen in den sogenannten Entwicklungsstaaten. So wurde die Bevölkerung selbst in der Regel in Entscheidungsprozesse nicht mit einbezogen.

Heute betrachtet man die Entwicklungen in der Landwirtschaft der sogenannten Entwicklungsländer kritisch, da die Nachhaltigkeit vieler Prozesse nicht nachgewiesen werden konnte. Ökologische Gesichtspunkte erscheinen heute von größerer Bedeutung.

Werner Mikus sieht die landwirtschaftlichen Fortschritte durchaus auch positiv, merkt aber die Gefahren, die nicht unmittelbar in Erscheinung treten, an:

> „Eine pauschale Ablehnung der Maßnahmen in der Grünen Revolution ist nicht berechtigt [...]. Jedoch sind vielfältige Disparitäten durch die Grüne Revolution entstanden und erhebliche Umweltschäden eingetreten, deren langfristige Wirkungen heute noch nicht eingeschätzt werden können. Die Orientierung auf Monokulturen ist partiell mit Gefahren verbunden, die ebenfalls erst mittel- bis langfristig sichtbar werden können."[14]

Wenngleich eine Entwicklung auch im primären Sektor nicht vernachlässigt werden kann, so ist die Relevanz der Landwirtschaft nicht durch den Anteil an der Wirtschaftsleistung eines Landes zu belegen. Produktivitätssteigerungen unter Einsatz der genannten Maßnahmen führten schon kurzfristig zum Preisverfall, der Druck auf die Produktion landwirtschaftlicher Erzeugnisse wuchs. Die für den Erhalt der finanziellen Erträge benötigten Flächen stiegen sprunghaft an, die erhöhten Exporterlöse aber sind nicht zu erwarten.

### 3.3  Entwicklung und Infrastruktur

Für eine nachhaltige Entwicklung der Wirtschaft in den sogenannten Entwicklungsländern sind zunächst infrastrukturelle Voraussetzungen zu schaffen, die eine weitere Ansiedlung von Industrie- und Dienstleistungsbetrieben überhaupt möglich machen. Die Analyse von Infrastrukturen gibt Aufschluss über die staatliche Leistungsfähigkeit und zeigt vorhandene Entwicklungspotentiale auf. Hans-Rimbert Hemmer spricht von vier Arten von Infrastruktur, deren erste Gruppe, die materielle Infrastruktur, ein Indiz für das staatliche Engagement und damit für die finanzielle Möglichkeiten des Staates ist.[15]

Das Verkehrsnetz spielt für ökonomischen Entwicklungen eine wesentliche Rolle. Die Dichte der Verkehrwege ist nur ein einzelnes Merkmal für die Qualität einer materiellen Infrastruktur, sie spiegelt aber exemplarisch die Voraussetzungen wider, die Investoren und Unternehmer vor einer Initiative ihres Engagements vorfinden.[16]

Um eine Kennzahl für den Vergleich der Dichte eines Straßennetzes zu erhalten, lassen sich Straßenlänge und Landesflächen gegenüberstellen. Die folgende Abbildung zeigt den Quotienten für Bolivien, Malawi und Laos im Vergleich zu Deutschland und den USA als Vertreter von Industrienationen. [17]

---

[14] Mikus, S. 141
[15] vgl. Hemmer, S. 564f
[16] so finden sich in zahlreichen wirtschaftlichen Zusammenfassungen die Angaben zum Verkehrsnetz als Indiz für den Entwicklungsstand der Infrastrukturen wieder. Vgl. Baretta, S. 61-868.
[17] Bolivien: http://www.wissen.de/xt/default.do?MENUNAME=InfoContainer&_ MENUID=_40%2C156% (11.12.2002, 11:15 Uhr)
Malawi: http://www.wissen.de/xt/default.do?MENUNAME=InfoContainer&MENUID=40%2C156% (11.12.2002, 11:15 Uhr)
Laos: http://www.wissen.de/xt/default.do?MENUNAME=InfoContainer&MENUID=40%2C156% (11.12.2002, 11:15 Uhr)
Deutschland:
http://www.destatis.de/jahrbuch/jahrtab36.htm (11.12.2002, 12:20 Uhr)

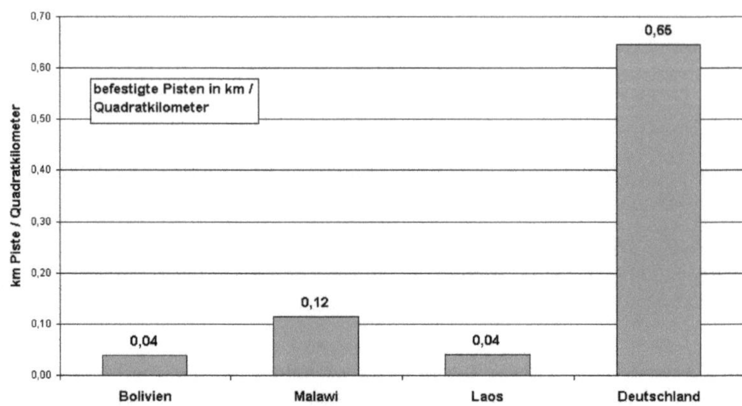


**Abb. 3: befestigte Pisten je Quadratkilometer im Vergleich mit Deutschland**

## 4    Der Außenhandel

Bei der Betrachtung von Außenhandelsstrukturen erscheinen die Beziehungen der Entwicklungsländer mit Industrienationen zunächst positiv. Bolivien unterhält Kontakte in die USA und nach Europa, ein Teil der Exportprodukte werden aber auch an anliegende Nachbarstaaten wie Brasilien und Chile geliefert.[18] Ein ähnliches Bild ergibt sich in Malawie, wo Beziehungen nach Deutschland, Großbritannien und nach Südafrika für den Export bestehen. Laos unterhält Exportbeziehungen nach Thailand, Japan, in zahlreiche europäische Länder, den USA und China. Die Abnehmer der Exporte sind in der Regel zugleich Lieferanten für Bolivien, Malawi und Laos. Darüber hinaus importieren die Länder Produkte von weiteren Industrie- und Nachbarstaaten.

Unabhängig von Exporterlösen und Ausgaben erscheinen diese Beziehungen zunächst positiv, die genannten Staaten finden sich in einem recht breit gefächerten Netz von Handelsbeziehungen, in denen die zahlungskräftigen Industriestaaten auch als Abnehmer und zuverlässige Handelspartner erscheinen können.

### 4.1    Die Außenhandelsbilanzen

Betrachtet man die Gesamtzahlen aller Erlöse von Exporten und stellt diese den Ausgaben für Importe gegenüber, ergibt sich ein ganz anderes Bild. Dargestellt und diskutiert werden hier die Zahlen für die Jahre 1998 (Malawi) und 2000 (Bolivien und Laos).[19]

---

[18] vgl. Baretta, S. 124

[19] die aktuelle Ausgabe des Fischer Weltalmanach 2003 enthält Daten von 1998 für Malawi und von 2000 jeweils für Bolivien und Laos. Vgl. Baretta, S. 124, 496, 519f

Die Außenhandelsbilanzen der drei Länder sind durchweg negativ, es werden also im Austausch von Waren in der Summe betrachtet keine Einnahmen, sondern sehr hohe Ausgaben getätigt. Bei der Betrachtung der Grafik ist zu beachten, dass die absoluten Zahlen dieser Bilanz immer im Verhältnis zum Umfang der Exporterlöse zu sehen sind. Hat Malawi eine negative Bilanz von etwa minus 14 Millionen US-Dollar im Jahr 1998 aufzuweisen, so erscheint diese Zahl im Vergleich zu Bolivien (minus 600 Mio. US-Dollar) und Laos (minus 198 Mio. US-Dollar) gering. Ein Blick auf die Summe der insgesamt verzeichneten Exporterlöse von Malawi mit rund 16 Mio. US-Dollar im Jahr 1998 zeigt jedoch, wie gravierend diese negative Handelsbilanz tatsächlich für das Land ist. Die negative Differenz zwischen Einnahmen und Ausgaben hat beinahe das Niveau der Einnahmen erreicht.

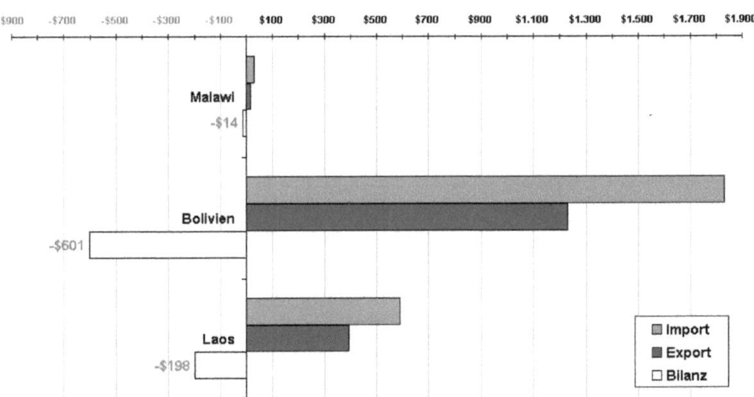


**Abb. 4: Der Außenhandel, Angaben in Mio. US-Dollar**

Malawi verzeichnet ein jährliches Defizit, das etwa 86 % der insgesamt getätigten Einnahmen ausmacht. In Bolivien ist ein Defizit zu beklagen, das etwa 49 % der Exporterlöse ausmacht, Laos steht mit einem Defizit von 198 Mio. US-Dollar, die etwa 50 % der Exportsumme ausmachen, nicht besser dar.

Die relativen Angaben machen deutlich, welche Tendenzen die Entwicklungen nehmen. Negative Handelsbilanzen sind ein alarmierendes Zeichen für die Wirtschaft eines Staates. Die für Importe wichtigen Devisen fehlen, die Gelder des Landes werden nicht über den Außenhandel vermehrt, sondern in großen Mengen ausgegeben.

## 4.2 Der Handel mit Industrienationen

Die Bilanzen des Außenhandels der drei untersuchten Länder sind durchweg negativ. Hier taucht die Frage auf, wo die Ursachen liegen. Dazu zeige ich exemplarisch einzelne Handelsbeziehungen und deren Charakter auf, die zwischen Bolivien, Malawi und Laos zu jeweils einem Industriestaat sowohl für den Import als auch den Export bestehen.

Bolivien exportierte im Jahr 2000 Rohstoffe an die USA im Wert von rund 295 Millionen US-Dollar. Importiert werden aus den USA u.a. Zwischenprodukte, Rohstoffe, Konsumgüter und Kapitalgüter im Wert von etwa 403 Millionen US-Dollar. Die Bilanz dieser einzelnen

Wirtschaftbeziehung wird klar: ein Defizit auf der Seite Boliviens von 108 Millionen US-Dollar wird allein im Jahr 2000 im Handel mit den USA produziert.[20]

Malawi exportierte im Jahr 1999 Agrarprodukte im Wert von rund 2 Millionen US-Dollar an Großbritannien und importierte von diesem Handelspartner Maschinen und Transportausrüstungen, chemische Produkte, Brennstoffe und Nahrungsmittel im Wert von rund 5 Millionen US-Dollar. Auch hier wird mit einem Handelspartner ein Defizit erwirtschaftet, das rund 3 Millionen US-Dollar ausmacht.[21]

Laos exportierte im Jahr 2000 an Japan Holzprodukte, Textilien und Kaffee im Wert von rund 13 Millionen US-Dollar. Die Importe aus Japan betragen mit etwa 25 Millionen US-Dollar für den Einkauf von Konsum- und Investitionsgütern fast die doppelte Höhe der mit Japan getätigten Importe. Der Handel mit Japan hat also insgesamt mit rund minus 12 Millionen US-Dollar ein erhebliches Defizit zur verzeichnen.[22]

Insgesamt fällt auf, dass aus den sogenannten Entwicklungsländern überwiegend Rohstoffe exportiert werden, während die Importe aus überwiegend höherwertigen Industriegütern wie Maschinenteilen, chemischen Erzeugnissen und halbfertigen Waren für eine Weiterverarbeitung bestehen. Die Entwicklungsländer sind durch die Exporte landwirtschaftlicher oder bergbaulicher Rohstoffe und Importe vergleichsweise hochwertiger Produkte gekennzeichnet. Das Gefälle in der Wertigkeit der exportierten und importierten Güter hat entsprechende Defizite zur Folge.

### 4.3 Die Rohstoffabhängigkeit der Erzeugerstaaten

Die Abhängigkeit von Rohstoffen ist eines der gravierenden gesamtwirtschaftlichen Probleme von sogenannten Entwicklungsländern. Bolivien, Malawi und Laos sind typische Vertreter für Staaten, deren Exporte zu einem wesentlichen Teil von den Preisentwicklungen der Rohstoffe abhängig sind. Deutlich wird dies bei der Analyse der exportierten Erzeugnisse, deren Anteil am Gesamtexport in der folgenden Grafik deutlich wird.

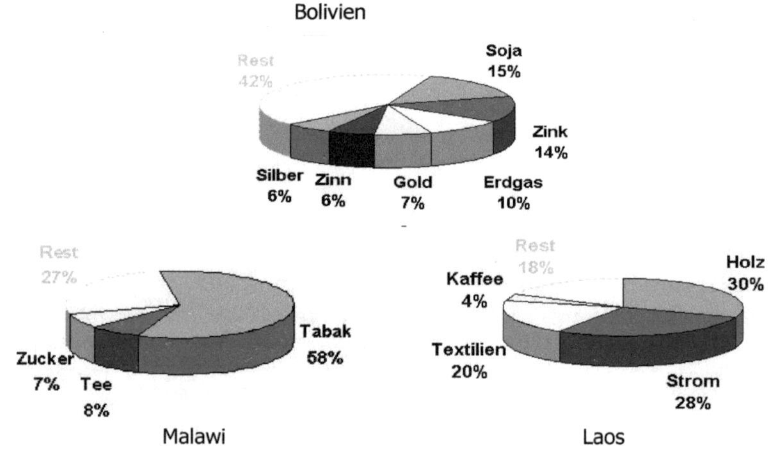


**Abb. 5: wichtigste Exportprodukte von Bolivien, Malawi und Laos**

---

[20] vgl. Baretta, S. 124
[21] vgl. Baretta, S. 519f

Bolivien ist mit den Exportgütern Silber, Zinn, Gold und Zink von den Rohstoffpreisen der Metalle abhängig. Die Metalle machen etwa 33 % des Exportes aus. Erdgas ist mit 20 % und Soja mit 14 % maßgeblich an den Exporten mitbeteiligt. Diese genannten Exportgüter sind ausschließlich Rohstoffe, die in der Summe allein 58 % des gesamten Exportaufkommens ausmachen.[23]

Laos exportiert in erster Linie Holz (30 %), Strom (28 %) und Textilien (20 %). Auch am Beispiel Laos ist damit die Abhängigkeit von einzelnen Rohstoffen deutlich zu sehen.[24]

Malawi erscheint besonders betroffen von einseitigen Rohstoffexporten. Allein Tabak stellt 58 % der Exportgüter dar, ergänzt durch 8 % Tee und 7 % Zucker. Am Beispiel Malawi wird besonders deutlich, welche Auswirkungen Preisschwankungen im Tabakhandel auf ein Erzeugerland haben müssen.[25]

## 4.4 Preisstabilisierung durch Rohstoffabkommen

Die Notwendigkeit für globale Verhandlungen wurde Anfang der siebziger Jahren erkannt, als mit der ersten Konferenz der UNCTAD (Konferenz der Vereinten Nationen für Handel und Entwicklung) im Jahr 1964 eine erste ernstzunehmende Absichtserklärung für die Entwicklung von Rohstoffabkommen verabschiedet wurde.

Die Verhandlungen für Rohstoffabkommen sind aus heutiger Sicht nahezu vollständig gescheitert. Das im Jahr 1976 verabschiedete integrierte Rohstoffprogramm erlitt mit der Aussetzung der Verhandlungen bereits im Jahr 1983 erhebliche Rückschläge, weil die Mitgliedsstaaten keine strategische Einigung in der Verhandlung erzielen konnten. Von den erfolgreich verabschiedeten Abkommen über den Handel mit Zinn, Kautschuk, Zucker, Kaffee und Kakao existiert heute lediglich das Handelsabkommen für Kautschuk. Die Ursachen für das Scheitern sind in der Regel in der mangelnden Bereitschaft der beteiligten Länder zu sehen, die Vereinbarungen auch politisch durchzusetzen. Die Dominanz einzelner Erzeugerländer und die kritische Haltung marktpolitisch denkender Industriestaaten machten letztendlich die Preisstabilisation über Rohstoffabkommen unmöglich.

Belinda Coote wagt eine Einschätzung zu möglichen Erfolgen der Rohstoffabkommen:

> „Im großen und ganzen sind Abkommen dieser Art also eigentlich gescheitert, wofür im wesentlichen der mangelnde politische Wille ausschlaggebend war, diese Abkommen erfolgreich umzusetzen. [...] Viele Industrieländer als Importeure von Rohstoffen sind zwischenstaatlichen Marktregulierungen gegenüber äußerst feindlich eingestellt. [...] Wären diese Abkommen durch diese potenten Abnehmerländer voll unterstützt worden, wären sie im ganzen sicher erfolgreicher gewesen."[26]

## 5 Die Verschuldung

Folge negativer Handelsbilanzen und unzureichender Wirtschaftsleistung sind Kredite, die abgesehen von neuen Investitionen selbst zur Deckung der Importausgaben aufgenommen werden. Die Entwicklung der Schulden von Bolivien, Malawi und Laos ist im folgenden Diagramm in den Jahren von 1997 und 2002 dargestellt.

---

[22] vgl. Baretta, S. 496
[23] vgl. Baretta, S. 124
[24] vgl. Baretta, S. 496
[25] vgl. Baretta, S. 519f
[26] Belinda Coote, S. 63

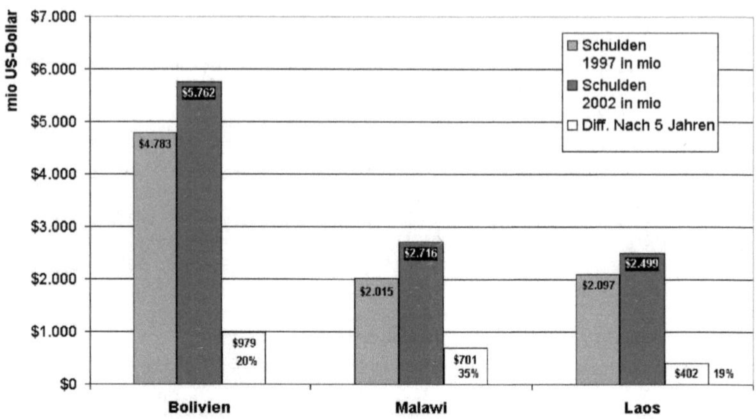


**Abb. 6:   Auslandsverschuldung in den Jahren 1997 und 2002
in Mio. US-Dollar**

In Bolivien ist die staatliche Verschuldung innerhalb 5 Jahren um 20 %, in Malawi um 35 % und in Laos um 19 % gestiegen. Die Gesamtsumme der Schulden übersteigt in Malawi und Laos sogar das Bruttoinlandsprodukt (vgl. Abb. 1) erheblich, während Boliviens Schulden immerhin rund 70 % der Höhe des jährlichen Bruttoinlandsproduktes erreichen. Die Ausweglosigkeit der Verschuldung war Anlass, über Schuldenerlasse nachzudenken, die in den Reihen der Mitgliederstaaten des IWF zwischen 1996 und 2000 diskutiert wurden. Bolivien war eines der beteiligten Länder, die die Kriterien für das Erlassprogramm erfüllten: das Land wies eine Verschuldung in einer Höhe von mehr als 220 % der Exporterlöse und von über 80 % des Bruttosozialproduktes auf - die Bedingung für den Schuldenerlass. Verbunden mit zahlreichen Auflagen, die z.T. erfolgreich umgesetzt werden konnten (wie z.B. die Reduzierung der Inflationsrate auf 1,6 % im Jahr 2000[27]), ist Bolivien auch heute noch eines der ärmsten Länder Südamerikas.

## 6   Fazit

Die Darstellung wirtschaftlicher Probleme kann in jedem genannten Kapitel nur in unzureichender Ausführlichkeit dargestellt werden. Dennoch wird sehr deutlich, wie sehr die einzelnen Komponenten miteinander verknüpft sind.

Verschuldung kann so gleichermaßen als Ergebnis, aber auch als Ursache einer aussichtslosen Wirtschaftslage gesehen werden. Der „Teufelskreis der Armut" schließt sich an dieser Stelle exemplarisch. Deutliche Veränderungen können kaum durch landesinterne Maßnahmen und Reformen allein erzielt werden. Die Darstellung vor allem der Außenhandelsbeziehungen macht deutlich, dass die am Handel mit sogenannten Entwicklungsländern beteiligten Industriestaaten erheblichen Anteil an einer wirtschaftlich hoffnungslosen Situation dieser Länder haben. An die Auswirkungen von Globalisierungsprozessen, die erst am Anfang einer neuen Weltwirtschaftsordnung stehen, darf gar nicht gedacht werden.

Die Rohstofflieferanten sind und bleiben die Leidtragenden einer auf den Wohlstand Europas und Nordamerikas ausgerichteten Wirtschaftspolitik. Der Wegfall von Handelsschranken mag positiv klingen, kann aber auch bedeuten, dass peruanische Bauern das neuerdings aufgekaufte Patentrecht am Gen der Andenkartoffeln beim Kauf jeder Saatkartoffel mitbezahlen.

---

[27] vgl. Baretta, S. 124

Die vorliegende Arbeit unterstützt meine Ansicht, nicht trotz, sondern gerade wegen der Armut der sogenannten Entwicklungsländer in einem Staat des Wohlstandes leben zu können.

**Literaturverzeichnis**


Baretta, Dr. Mario von (Hrsg.; 1996): Der Fischer Weltalmanach 1997. Frankfurt a.M.

Baretta, Dr. Mario von (Hrsg.; 2002): Der Fischer Weltalmanach 2003. Frankfurt a.M.

Beimdiek, Fritz und Kaiser, Martin und Wagner, Norbert (Hrsg.; 1983): Ökonomie der Entwicklungsländer. Stuttgart.

Coote, Belinda (1994): Der unfaire Handel. Stuttgart.

Hemmer, Hans-Rimbert (2002): Wirtschaftsprobleme der Entwicklungsländer. 3. Auflage. München.

Mikus, Werner (1994): Wirtschaftsgeographie der Entwicklungsländer. Stuttgart.

Schiesser-Gachnang, Doris (1993): Bolivien – Hyperinflation, Stabilisierung und Strukturanpassung. Hallstadt.

## BSP und BIP

35.000
30.000
25.000
20.000
15.000
10.000
5.000
0
BIP in Mrd. US$
BSP in US$
990
170
290
34.100
25.120
8,28
1,70
1,71
9.837
1.872
Bolivien
Malawi
Laos
USA
Deutschland
BSP in US$
BIP in Mrd. US$

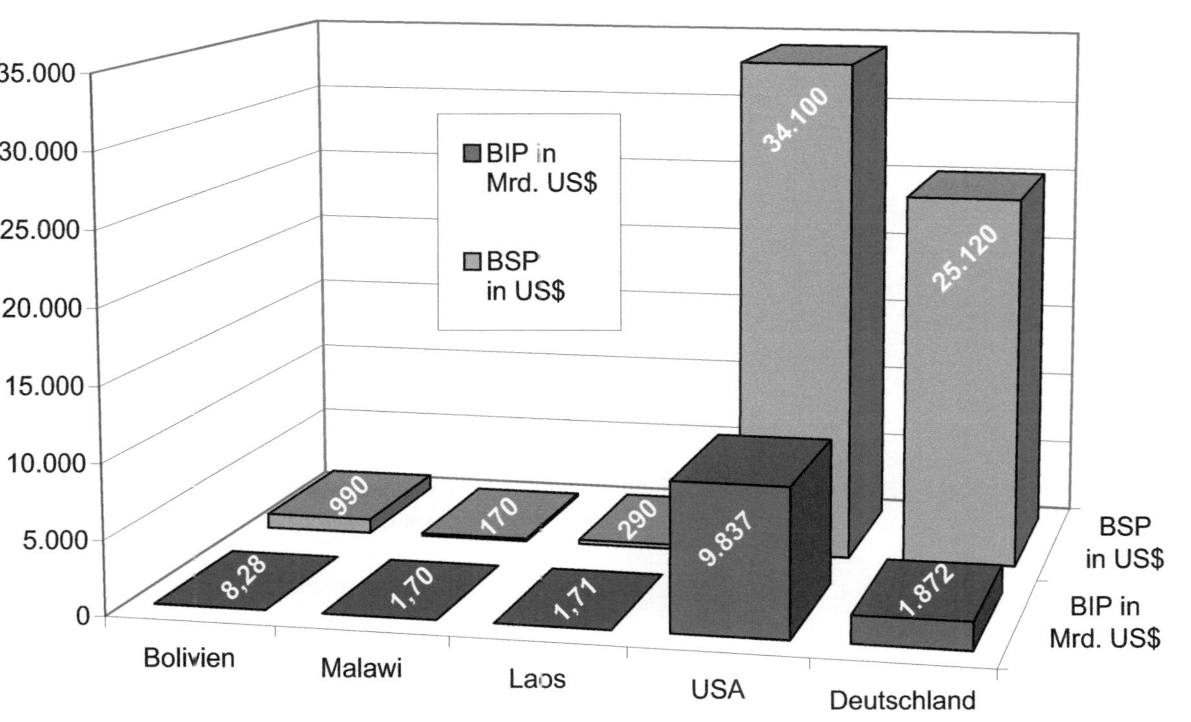

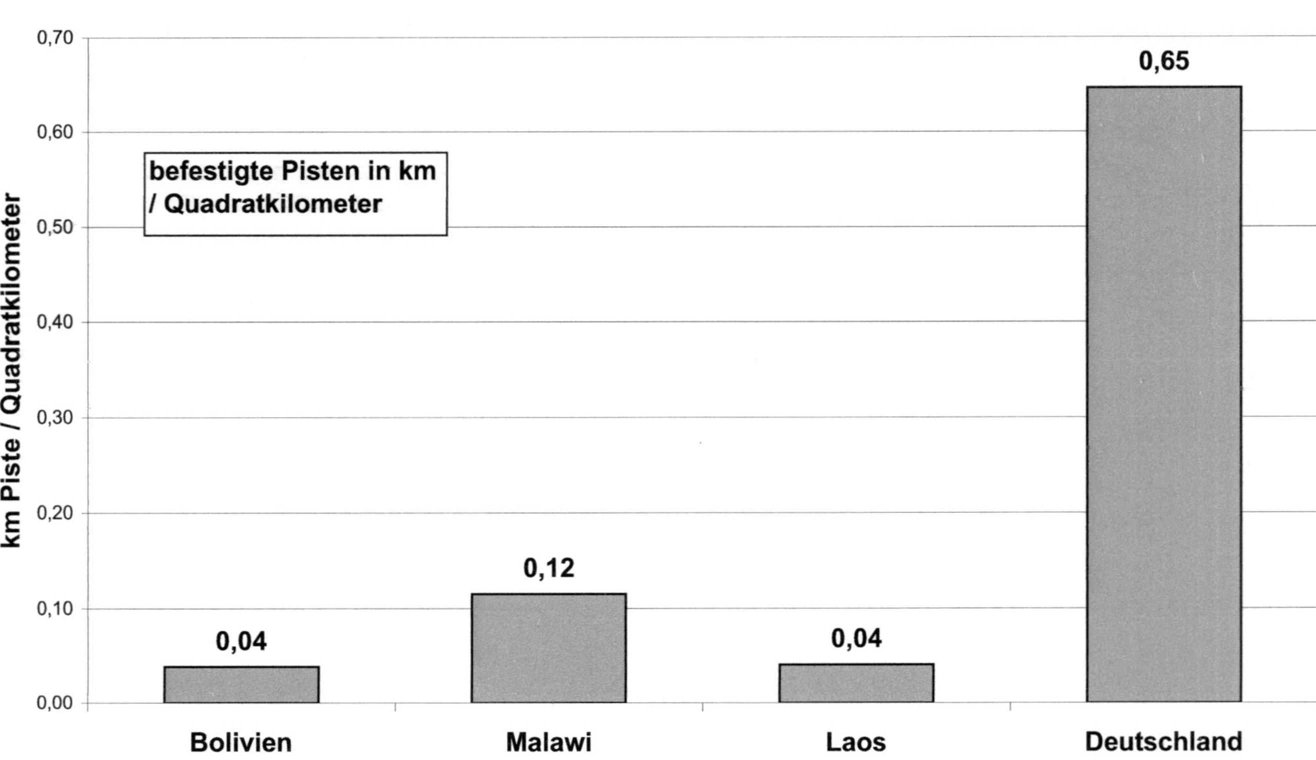

Fischer Weltalmanach 2003
Infrastruktur
befestigte Pisten in km / Quadratkilometer
km Piste / Quadratkilometer
0,70
0,60
0,50
0,40
0,30
0,20
0,10
0,00
0,04
0,12
0,04
0,65
Bolivien
Malawi
Laos
Deutschland

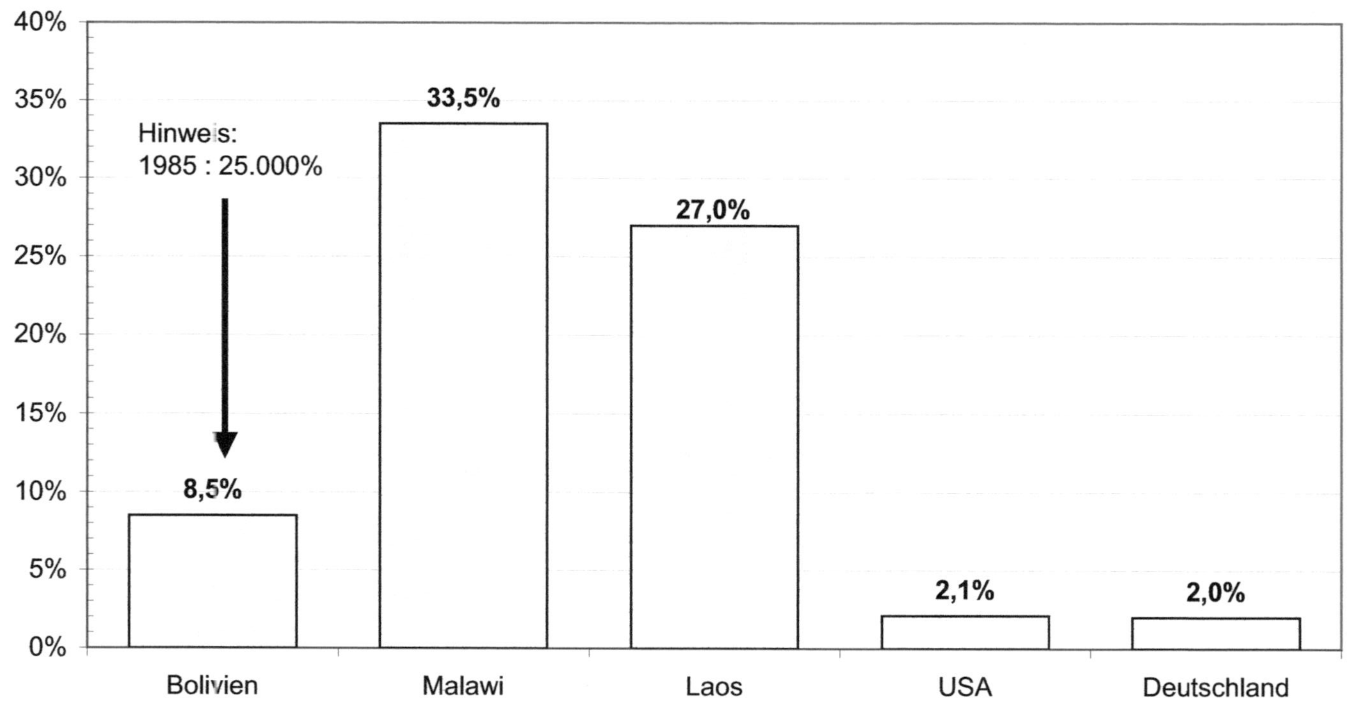

http://www.wissen.de
Inflationsrate
1999 / 2000
40%
35%
30%
25%
20%
15%
10%
5%
0%
Hinweis:
1985 : 25.000%
33,5%
27,0%
8,5%
2,1%
2,0%
Bolivien
Malawi
Laos
USA
Deutschland

# Landwirtschaft - Beschäftigung und Relevanz

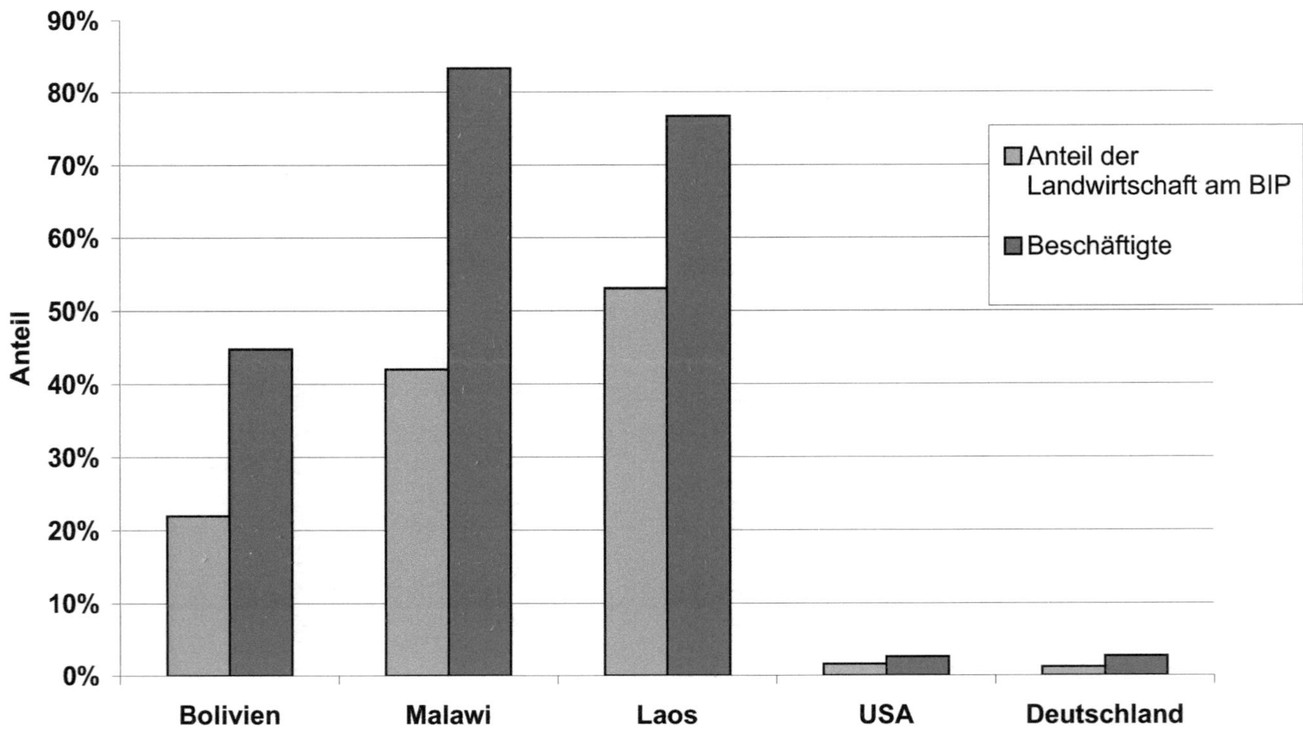

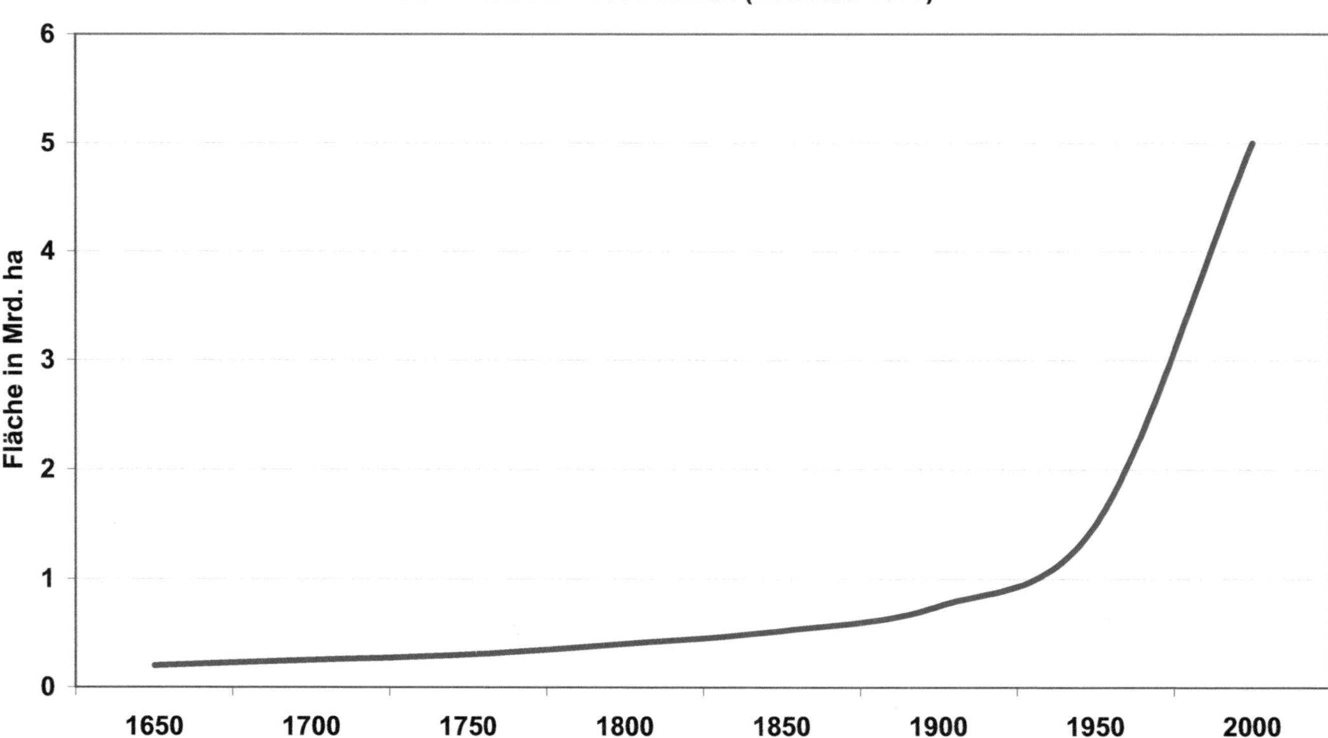

Landwirtschaftlicher Flächenbedarf
bei Erhalt der Produktivität (Maßstab 1970)
Werner Mikus, 1994,
Wirtschaftsgeografie der
Fläche in Mrd. ha
6
5
4
3
2
1
0
1650
1700
1750
1800
1850
1900
1950
2000

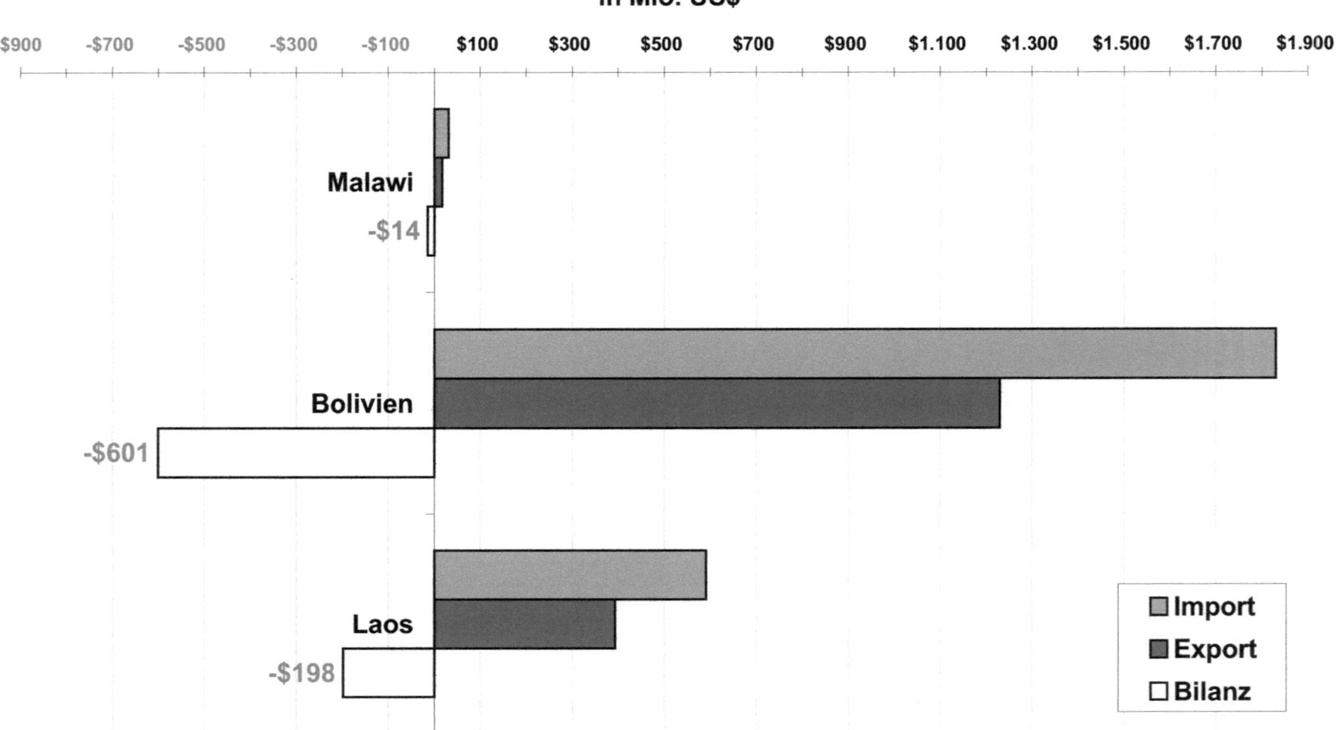

Fischer Weltalmanach 2003
Außenhandel
in Mio. US$
-$900
-$700
-$500
-$300
-$100
$100
$300
$500
$700
$900
$1.100
$1.300
$1.500
$1.700
$1.900
Malawi
-$14
Bolivien
-$601
Laos
-$198
Import
Export
Bilanz

## Bolivien

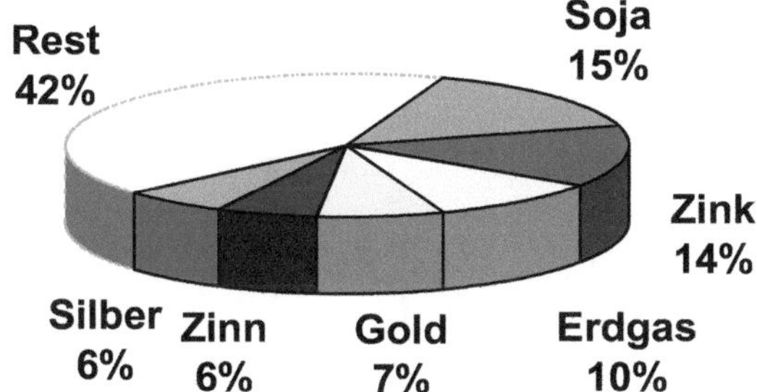


## Laos

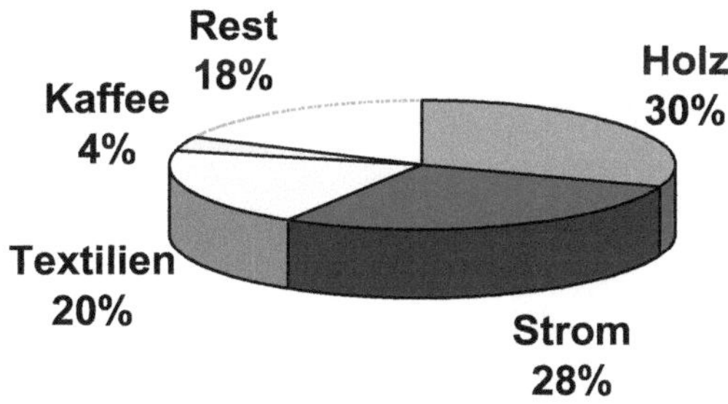


## Malawi

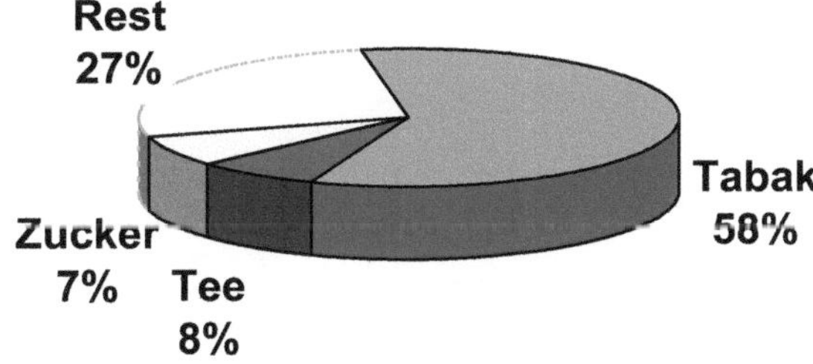

Statistisches Bundesamt, 1995
Länderbericht Bolivien
Ausfuhrpreis - Index
Bolivien
Rohstoffpreise im Jahresdurchschnitt
Durchschnitt
Basis 1970 : 100
250
200
150
100
50
0
1983
1984
1985
1986
1987
Metalle u. Schwefel

## Malawi

| Import | | Export | | Importländer | | | | Exportländer | | | |
|---|---|---|---|---|---|---|---|---|---|---|---|
| Maschinen | 27,6% | Tabak | 58,5% | Südafrika | 32,3% | $ | 10 | Deutschland | 16,6% | $ | 3 |
| Chemie | 22,5% | Tee | 7,6% | Gr.-Britannien | 15,7% | $ | 5 | USA | 13,9% | $ | 2 |
| Brennstoff | 11,1% | Zucker | 7,1% | Simbabwe | 10,4% | $ | 3 | Südafrika | 11,7% | $ | 2 |
| Nahrungsmittel | 10,6% | Rest | 26,8% | Deutschland | 5,7% | $ | 2 | Gr.-Britannien | 9,3% | $ | 2 |
| Rest | 13,9% | | | | | | | | | | |
| | | | | | | | | | | | |
| Summe | $ 31 | | $ 17 | | | | | | | | |
| | | | | | | | | | | | |
| Außenhandelsbilanz | | | -$14 | | | | | | | | |

## Bolivien

| Import | | Export | | Importländer | | | | Exportländer | | | |
|---|---|---|---|---|---|---|---|---|---|---|---|
| Zwischenpr. /Rohstoffe | 46,0% | Soja | 15,0% | USA | 22,0% | $ | 403 | USA | 24,0% | $ | 295 |
| Kapitalgüter | 30,0% | Zink | 14,0% | Argentinien | 15,0% | $ | 275 | Gr.-Britannien | 12,0% | $ | 147 |
| Konsumgüter | 24,0% | Erdgas | 10,0% | Brasilien | 14,0% | $ | 256 | Brasilien | 11,0% | $ | 135 |
| | | Gold | 7,0% | Chile | 8,0% | $ | 146 | Peru | 4,0% | $ | 49 |
| | | Zinn | 6,0% | Japan | 5,0% | $ | 92 | Argentinien | 3,0% | $ | 37 |
| | | Silber | 6,0% | Peru | 2,0% | $ | 37 | Belgien | 3,0% | $ | 37 |
| | | Rest | 42,0% | | | | | Chile | 2,0% | $ | 25 |
| Summe | $ 1.830 | | $ 1.229 | | | | | | | | |
| | | | | | | | | | | | |
| Außenhandelsbilanz | | | -$601 | | | | | | | | |

## Laos

| Import | | Export | | Importländer | | | | Exportländer | | | |
|---|---|---|---|---|---|---|---|---|---|---|---|
| Zwischenpr. /Rohstoffe | 18,4% | Holz | 30,5% | Thailand | 64,4% | $ | 381 | Thailand | 20,0% | $ | 79 |
| Kapitalgüter | 25,9% | Strom | 28,4% | Singapur | 5,5% | $ | 33 | Frankreich | 7,5% | $ | 29 |
| Konsumgüter | 38,2% | Textilien | 19,6% | Vietnam | 5,2% | $ | 31 | Deutschland | 6,0% | $ | 24 |
| Rest | 17,5% | Kaffee | 3,8% | China | 4,4% | $ | 26 | Gr.-Britannien | 4,1% | $ | 16 |
| | | Rest | 17,7% | Japan | 4,2% | $ | 25 | Belgien | 4,0% | $ | 16 |
| | | | | | | | | Japan | 3,3% | $ | 13 |
| Summe | $ 591 | | $ 393 | | | | | Italien | 2,6% | $ | 10 |
| | | | | | | | | USA | 2,4% | $ | 9 |
| Außenhandelsbilanz | | | -$198 | | | | | China | 1,9% | $ | 7 |

## Zusammenstellung

| (in Mrd) | Import | Export | Bilanz | | |
|---|---|---|---|---|---|
| Malawi | **$30,79** | **$16,53** | -$14,26 | 86% | 1 MK = 0,01235 US$ |
| Bolivien | **$1.830,00** | **$1.229,00** | -$601,00 | 49% | |
| Laos | **$591,00** | **$393,00** | -$198,00 | 50% | |

Fischer

204182,6

Bolivien, La Paz (Regierungssitz) 795.000 Einwohner

Fläche:          ca. 1,2 Mrd km$^2$

Einwohner:       8,2 Mio., über 63% städtisch:
                 55% Indianer
                 33% Mestizen
                 15% Weiße (Spanier)
                 Lebenserwartung 63 Jahre

Armut:           ca. 60% unter der Armutsgrenze

Lage:            Südamerika, kontinentale Lage
                 Hochebenen in den Anden (trocken, kalt)
                 Tropen des Amazonasbecken (sehr feucht, heiß)

Politik und Geschichte:      1825         Unabhängigkeit von Spanien (ehem. Kolonie)
                             1879-1883    „Salpeterkrieg" gegen Chile, Abgabe des
                                          Korridors an die Küste, keinen Kontakt mehr zur
                                          Pazifikküste
                             1932-1935    Chacokrieg gegen Paraguay
                             1903         Abgabe der Kautschukgebiete (Acre) an Brasilien
                             1967         Präsidialrepublik mit Verfassung von 1947
                                          rund 200 Putsche seit der Unabhängigkeit!

Laos, Viangchang 537.000 Einwohner

Fläche:          ca. 236 Tsd km$^2$

Einwohner:       4,5 Mio., ca. 23% städtisch
                 ~ 100% Laoten, verschieden Volksstämme
                 Lebenserwartung 54 Jahre

Armut:           ca. 26% unter der Armutsgrenze

Lage:            Vietnam, Thailand, China und Kambodscha schließen Laos ein
                 tropisches Monsunklima, Höhenlagen, gebirgig/ hügellig, Regenwald und
            Savanne

Politik und Geschichte:      17. Jhdt.    seit 17. Jhdt. drei rivalisierende Reiche
                             19. Jhdt.    Eroberung durch Siam
                             1893         Frankreich erzwingt die Abtretung
                             1917         Unterstellung an Indochina
                             1941         japanische Besatzung
                             1954         offizielle Unabhängigkeit

Malawi, Lilongwe 440.000 Einwohner

Fläche:          ca. 118 Tsd km$^2$

Einwohner:       9,9 Mio., ca. 15% städtisch
                 Bantustämme, 6000 Inder/Pakistani, 8000 Europäer
                 Lebenserwartung 39 Jahre

Armut:           ca. 70% unter der Armutsgrenze (nach anderen Schätzungen über 90%)

Lage:            Längs des Malawisees im Südteil des ostafrikanischen Grabens gelegen
                 plateauartige Hochebenen zwischen 800 und 1400 Metern,
                 überwiegend Trockenwald und Dornsavanne, sehr heiß

Politik und Geschichte:      1891         britisches Protektorat
                             1953         Eingliederung in die Zentralafrik. Föderation
                             1958-1960    Unruhen nach Übernahme d. Präsidenten Banda
                             1963/64      Aufhebung der Föderation, Unabhängigkeit

Referat: Wirtschaftsprobleme der Entwicklungsländer
Seminar: „Entwicklungsprobleme der sogenannten Dritten Welt"
Leitung: Dr. Beate Lohnert
Referent: Jens Hasekamp

# Wirtschaftliche Probleme der Entwicklungsländer
## an den Beispielen Bolivien, Malawi und Laos (im Text kurz: B, M, L)

## 1  Die wirtschaftliche Lage

Stellt man das Bruttoinlandsprodukt der Länder in das Verhältnis zur pro Kopf-Leistung der Einwohner, ergeben sich erhebliche Disparitäten im Vergleich zu Industrieländern. Das Bruttosozialprodukt von B liegt mit etwa 990 US Dollar vergleichsweise höher als in M (170 US Dollar) und L (290 US Dollar), im Vergleich mit dem Bruttosozialprodukt von Deutschland ergeben sich jedoch Verhältnisse von etwa 1:25. Bolivien, Malawi und Laos sind aufgrund ihrer Landesnatur, ihrer wirtschaftlichen Verhältnisse und ihrer historischen Hintergründe typische Vertreter für eine wirtschaftlichen Betrachtung der Makroregionen Lateinamerika, südliches Afrika und Südostasien. Daher erfolgt hier die exemplarische Betrachtung der drei genannten Länder.

## 2  Der primäre Sektor und seine Bedeutung

### 2.1  Der Vergleich der Wirtschaftssektoren

Grob betrachtet findet man in Industrieländern einen deutlichen Zuwachs bei den Beschäftigungsverhältnissen und dem Anteil am BIP des Dienstleistungssektors und der Industrie, während die Bedeutung der Agrarwirtschaft im Vergleich deutlich abnimmt. Hier ist also eine höhere Gewichtung der tertiären und sekundären Wirtschaftsbereiche zu sehen. Ganz anders stellt sich die Lage in den Entwicklungsländern dar. Der Agrarsektor stellt noch immer den weitaus größten Teil der wirtschaftlichen Leistung dar. Obwohl auch hier Bewegungen hin zur Industrie und Dienstleistung zu verzeichnen sind, bewegt sich der Anteil der Landwirtschaft am BIP zwischen 22% (B) und 53% (L).

### 2.2  Beschäftigungsverhältnisse und Relevanz am BIP

Idealtypisches Bild bei der Betrachtung von Beschäftigungsverhältnissen ist die Übereinstimmung von Anteilen der wirtschaftlichen Relevanz und den Anteilen der Beschäftigung. So findet sich in den Industrieländern eine fast parallele Struktur. In Deutschland sind rund 3% der Beschäftigten im tertiären Sektor tätig, der gut 1% des BIP´s ausmacht.

Entwicklungsländer weisen ganz andere Zahlen auf. In B arbeiten rund 70% der Bevölkerung in der Landwirtschaft, die jedoch nur einen Anteil von 22% an der wirtschaftlichen Leistung des Landes ausmacht. Diese große Diskrepanz zwischen Beschäftigung und Wirtschaftsleistung ist Kennzeichen für die geringe wirtschaftliche Produktivität der Landwirtschaft eines Landes. Natürlich sind klimatische Verhältnisse, topografische Besonderheiten und auch historische Gesichtspunkte vielfältige Ursachen.

### 2.3  Die grüne Revolution – eine positive Entwicklung?

Die große Bedeutung der Landwirtschaft in den Entwicklungsländern hat dazu geführt, hier einen Schlüssel für wirtschaftliche Entwicklung zu sehen. Die Steigerung der Produktivität war deshalb vor allem in den 80er Jahren wichtiges Ziel wirtschaftspolitischer Aktivitäten, die mit großer Unterstützung der Industrieländer vorangetrieben wurden. Der Einsatz von Düngemitteln, die Auswahl und Neuzucht von ertragreicheren Nutzpflanzen und die starke Konzentration auf Monokulturen führte in erster Instanz zu einem starken Verfall der Weltmarktpreise, da die Abnehmer für Agrarprodukte fehlten (denn auch die Entwicklung der Landwirtschaft in den Industrieländern führte zu höheren Erträgen – „Deutschland versinkt im Butterberg").

Die benötigte Agrarfläche zum Erhalt von landwirtschaftlicher Produktivität ist infolge der grünen Revolution erheblich größer geworden. Konnten kurzfristig Produktivitätssteigerungen erzielt werden, so ist dies aus heutiger Betrachtung ein ausgesprochen kurzsichtiger Blickwinkel.

Nachhaltig erfolgte eine Schädigung der Umwelt und eine aufgrund der wirtschaftlichen Notlage der Bauern (man kann nicht nur von einem Anbauprodukt leben, wo vormals Vielfalt die Ernährung sicherstellte) eine große Abwanderung vom Land in die Großstädte.

## 3 Infrastrukturen im Vergleich

Nach den Misserfolgen der grünen Revolution wird klar, dass der Industrie und Dienstleistung die Aufmerksamkeit der Wirtschaftspolitik galten. Für die Entwicklung dieser Wirtschaftsbereiche muss zunächst eine strukturelle Basis geschaffen werden, die in den Entwicklungsländern keineswegs selbstverständlich ist. Die Qualität der Infrastruktur eines Landes kann anhand der Straßendichte schnell ermittelt werden, wenngleich natürlich andere Transportwege gleichfalls von Bedeutung sind.

B, M und L weisen innerhalb eines Quadratkilometers etwa 40 bis 240 Meter Straßen auf, wobei hier auch unbefestigte Wege eingerechnet sind. In Deutschland finden sich rund 1800 Meter befestigte Straße/m$^2$ – eine andere Basis für wirtschaftliche Entwicklung. Bei der Betrachtung von Bahn- und Flugnetz finden sich vergleichbare Verhältnisse.

## 4 Der Außenhandel

### 4.1 Der Handel mit den Industrienationen ist teuer

Bei der Betrachtung von Außenhandelsstrukturen ist zunächst auffällig, dass der größere Teil der Handelspartner von B, M und L Industrienationen in Europa und Nordamerika sind. Was grundsätzlich positiv erscheint – ein globales Geflecht von Handelslinien – entpuppt sich nach Durchsicht der damit verbundenen Geldtransfers als Einbahnstraße. Vergleicht man die Importzahlungen von Bolivien an die USA mit den erzielten Erlösen aus Exporten an die USA, so ergibt sich ein Verhältnis von etwa 3:4. Viel gravierender noch stellt sich die Situation für M und L dar, wo Handelsbeziehungen mit europäischen Partnern Verhältnisse von 1:2,5 (M) und 1:4 (L) aufweisen.

Damit wird die Rolle der Entwicklungsländer als Rohstofflieferant und Endabnehmer von Industrieprodukten deutlich spürbar. Die Bilanz des Außenhandels mit einzelnen Partnern ist in der Regel negativ, ebenso die Bilanz des Außenhandels.

### 4.2 Exportgüter der Entwicklungsländer

Bei den Exportgütern aus Entwicklungsländern handelt es sich fast ausschließlich um Rohstoffe und halbfertige Materialien oder aber um Produkte, die aus besonderen Gründen in Entwicklungsländern günstiger produziert werden können als in Industrienationen (z.B. Textilien). Ganz anders als Industrienationen werden also keine hochwertigen Güter exportiert, die einen entsprechenden Geldtransfer bedeuten könnten. Oftmals werden die Rohstoffe in den Industrienationen weiterverarbeitet und zu einem Teil in Form hochwertiger Erzeugnisse wiederum an das Land verkauft, weil dort eine verarbeitende Industrie fehlt (Bolivien als Metallexporteur kauft die Maschinen der USA).

### 4.3 Edelmetalle sind billig – die Entwicklung der Exporterlöse in Bolivien

Bolivien hatte in den 80ger Jahren eine weltweite Bedeutung bei der Lieferung von Metallen als Rohstofflieferant. Der Ausbau der Minen im Norden des Landes basierte auf einer hohen Nachfrage. Heute machen Metalle nur noch rund 30% der Exporterlöse aus. Grund hierfür ist der starke Verfall der Rohstoffpreise. Der Index der Rohstoffpreise zeigt im Durchschnitt eine deutlich abfallende Tendenz, die innerhalb der 80er Jahre infolge der anhaltenden Weltwirtschaftskrise eine deutliche negative Beschleunigung erfahren hat. Entlassungen und Minenschließungen waren die Folge, das Drogengeschäft oft der einzige Ausweg für die arbeitslose Bevölkerung.

## 5 Verschuldung

Die Folge negativer Handelsbilanzen sind gravierend und einfach zu definieren: Verschuldung. Fatales Element bei der Verschuldung sogenannter Entwicklungsländer ist der fehlende Gegenwert für die fremden Gelder. B, M und L weisen einheitlich eine stets negative Handelsbilanz auf. Exporterlöse sind also nicht einmal zur Deckung von Importen ausreichend vorhanden. Ursache für die wachsende Verschuldung ist aber nicht die Aufnahme neuer Kredite allein. Der Schuldenberg wächst u.a. aufgrund steigender Zinsen und lang anhaltender Unfähigkeit zur Rückzahlung. Alte Schulden werden z.T. durch neue Kredite getilgt, die langfristige Rechnung von Zins und Zinseszins hat nur noch teilweise Bezug zu Handelsgeschäften.

Die Verschuldung von B, M und L hat in den Jahren von 1997 bis 2002 um 19%(L) bis zu 35%(M) zugenommen. Ein Ausweg ist derzeit ohne deutliche Bewegungen seitens der Industrienationen nicht absehbar.


**Verwendete Literatur/Quellen:**

Hans-Rimbert Hemmer (2002), Wirtschaftsprobleme der Entwicklungsländer

Norbert Wagner (1983), Ökonomie der Entwicklungsländer

Fischer Weltalmanach 1997/2003

Werner Mikus (1994), Wirtschaftsgeografie der Entw.-Länder

Doris Schiesser (1993), Bolivien: Hyperflation, Stabilisierung und Strukturanpassung

Hans Rudolf Hodel (1980), Das integrierte Rohstoffprogramm und Lateinamerika

Statistisches Bundesamt (1994/95/2002), Länderberichte (www.destatis.de)